国家出版基金项目
NATIONAL PUBLICATION FOUNDATION

法国国家附件

Eurocode 3：钢结构设计

第1-5部分：板结构

NF EN 1993-1-5/NA

[法] 法国标准化协会（AFNOR）

欧洲结构设计标准译审委员会 **组织翻译**
姜分良 **译**
杨 虹 **一审**
刘 宁 张 婷 **二审**

人民交通出版社股份有限公司
北 京

图书在版编目(CIP)数据

法国国家附件 Eurocode 3:钢结构设计. 第 1-5 部分:板结构 NF EN 1993-1-5/NA / 法国标准化协会(AFNOR)组织编写 ; 姜分良译. — 北京 : 人民交通出版社股份有限公司, 2019.11

ISBN 978-7-114-16166-7

Ⅰ. ①法… Ⅱ. ①法… ②姜… Ⅲ. ①钢结构—结构设计—建筑规范—法国 Ⅳ. ①TU391.04

中国版本图书馆 CIP 数据核字(2019)第 296636 号

著作权合同登记号:图字 01-2019-7800

Faguo Guojia Fujian Eurocode 3:Gang Jiegou Sheji Di 1-5 Bufen:Ban Jiegou

书　　名:法国国家附件 Eurocode 3:钢结构设计　第 1-5 部分:板结构
NF EN 1993-1-5 /NA

著 作 者:法国标准化协会(AFNOR)

译　　者:姜分良

责任编辑:钱　堃　王景景

责任校对:刘　芹

责任印制:刘高彤

出版发行:人民交通出版社股份有限公司

地　　址:(100011)北京市朝阳区安定门外外馆斜街 3 号

网　　址:http://www.ccpress.com.cn

销售电话:(010)59757973

总 经 销:人民交通出版社股份有限公司发行部

经　　销:各地新华书店

印　　刷:三河市国新印装有限公司

开　　本:880 × 1230　1/16

印　　张:1.25

字　　数:25 千

版　　次:2019 年 11 月　第 1 版

印　　次:2019 年 11 月　第 1 次印刷

书　　号:ISBN 978-7-114-16166-7

定　　价:30.00 元

(有印刷、装订质量问题的图书,由本公司负责调换)

出 版 说 明

包括本标准在内的欧洲结构设计标准(Eurocodes)及其英国附件、法国附件和配套设计指南的中文版,是2018年国家出版基金项目"欧洲结构设计标准翻译与比较研究出版工程(一期)"的成果。

在对欧洲结构设计标准及其相关文本组织翻译出版过程中,考虑到标准的特殊性、用户基础和应用程度,我们在力求翻译准确性的基础上,还遵循了一致性和有限性原则。在此,特就有关事项作如下说明:

1. 本标准中文版根据法国标准化协会(AFNOR)提供的法文版进行翻译,仅供参考之用,如有异议,请以原版为准。

2. 中文版的排版规则原则上遵照外文原版。

3. Eurocode(s)是个组合再造词。本标准及相关标准范围内,Eurocodes 特指一系列共10部欧洲标准(EN 1990 ~ EN 1999),旨在为房屋建筑和构筑物及建筑产品的设计提供通用方法;Eurocode 与某一数字连用时,特指EN 1990 ~ EN 1999 中的某一部,例如,Eurocode 8 指 EN 1998 结构抗震设计。经专家组研究,确定 Eurocode(s)宜翻译为"欧洲结构设计标准",但为了表意明确并兼顾专业技术人员用语习惯,在正文翻译中保留 Eurocode(s)不译。

4. 书中所有的插图、表格、公式的编排以及与正文的对应关系等与外文原版保持一致。

5. 书中所有的条款序号、括号、函数符号、单位等用法,如无明显错误,与外文原版保持一致。

6. 在不影响阅读的情况下书中涉及的插图均使用外文原版插图,仅对图中文字进行必要的翻译和处理;对部分影响使用的外文原版插图进行重绘。

7. 书中涉及的人名、地名、组织机构名称以及参考文献等均保留外文原文。

特别致谢

本标准的译审由以下单位和人员完成。中国电建集团中南勘测设计研究院有限公司的姜分良承担了主译工作,中国电建集团中南勘测设计研究院有限公司的杨虹,中交第一公路勘察设计研究院有限公司的刘宁、张婷承担了主审工作。他(她)们分别为本标准的翻译工作付出了大量精力。在此谨向上述单位和人员表示感谢!

欧洲结构设计标准译审委员会

欧洲结构设计标准译审委员会总体组

组　　　长：余顺新（中交第二公路勘察设计研究院有限公司）
成　　　员：（按姓氏笔画排序）
王敬烨（中国铁建国际集团有限公司）
车　轶（大连理工大学）
卢树盛［长江岩土工程总公司（武汉）］
吕大刚（哈尔滨工业大学）
任青阳（重庆交通大学）
刘　宁（中交第一公路勘察设计研究院有限公司）
宋　婕（中国建筑标准设计研究院）
李　顺（天津水泥工业设计研究院有限公司）
李亚东（西南交通大学）
李志明（中冶建筑研究总院有限公司）
李雪峰［上海市城市建设设计研究总院（集团）有限公司］
张　寒（中国建筑科学研究院有限公司）
张春华（中交第二公路勘察设计研究院有限公司）
狄　谨（重庆大学）
胡大琳（长安大学）
姚海冬（中国路桥工程有限责任公司）
徐晓明（航天建筑设计研究院有限公司）
郭　伟（中国建筑标准设计研究院）
郭余庆（中国天辰工程有限公司）
黄　侨（东南大学）
谢亚宁（中设设计集团股份有限公司）
秘　　　书：李　喆（人民交通出版社股份有限公司）
卢俊丽（人民交通出版社股份有限公司）

FA154683 ISSN 0335-3931

NF EN 1993-1-5/NA
2007 年 10 月

法国标准

分类索引号:P 22-315/NA

ICS:91.010.30;91.080.10

法国国家附件
Eurocode 3:钢结构设计
第 1-5 部分:板结构
NF EN 1993-1-5/NA

英文版名称:Eurocode 3—Design of steel structures—Part 1-5:Plated structural elements—National Annex to NF EN 1993-1-5:2007—Plated structural elements

德文版名称:Eurocode 3 — Bemessung und Konstruktion von Stahlbauten —Teil 1-5:Plattenbeulen — National Anhang zu NF EN 1993-1-5:2007 —Plattenbeulen

发布	法国标准化协会(AFNOR)主席 2007 年 9 月 26 日决定,本国家附件于 2007 年 10 月 26 日生效。
相关内容	本国家附件发布之日,不存在相同主题的欧洲或国际文件。
提要	本国家附件补充了 2007 年 3 月发布的 NF EN 1993-1-5,NF EN 1993-1-5 是 EN 1993-1-5:2006 在法国的适用版本。 本国家附件定义了 NF EN 1993-1-5:2007 在法国的适用条件,NF EN 1993-1-5:2007 引用了 EN 1993-1-5:2006。
关键词	**国际技术术语**:建筑、土木工程、金属结构、建筑用钢、钢板、计算、设计、建造规定、材料强度、应力、抗剪强度、加劲肋。

修订

勘误

法国标准化协会(AFNOR)出版发行—地址:11, rue Francis de Pressensé—邮编:93571 La Plaine Saint-Denis
电话: + 33 (0)1 41 62 80 00—传真: + 33 (0)1 49 17 90 00 — 网址:www.afnor.org

 AFNOR 2007 2007-10-F 第 1 次印刷

金属结构设计分委员会 BNCM CNCMET

标准化委员会

主席:MAITRE 先生

秘书:PESCATORE 先生— BNCM

委员:(按姓氏、先生/女士、单位列出)

ARIBERT	先生	CONSULTANT
BAZIN	先生	CSTB
BRAHAM	先生	ASTRON BUILDING SYSTEMS
CHABROLIN	先生	CTICM
CHOLLET-MEYRIEU	先生	AFNOR
DEBATTISTA	先生	EDF
DUSSAUGEY	女士	SYNDICAT NATIONAL DES INDUSTRIES D'EQUIPEMENTS
GALEA	先生	CTICM
GAULIARD	先生	SCMF
GOURMELON	先生	IGPC(H)
GREFF	先生	GFD
GRIMAULT	先生	LORRAINE-CONDESA
IZABEL	先生	SNPPA
LAPEYRE	先生	CEP
LAMADON	先生	BUREAU VERITAS
LE CHAFFOTEC	先生	CTICM
LEQUIEN	先生	CETEN/APAVE
MAITRE	先生	SOCOTEC
MARTIN D.	先生	SNCF
MENIGAULT	先生	BN ACIER
MOHEISSEN	先生	ALGECO
PAMIES	先生	INRS
PECHENARD	女士	AFFIX
PERNIER	先生	MEDAD/SDBTPSP
PESCATORE	先生	BNCM
RAMEAU	先生	EDF
RAOUL	先生	SETRA
ROUSSEAU	先生	INSTITUT DE SOUDURE

RYAN	先生	CTICM
SOKOL	先生	SOKOL Consultants
VILLETTE	先生	BAUDIN CHATEAUNEUF
ZHAO	先生	CTICM

编写小组成员(按姓氏、先生/女士、单位列出)

CHABROLIN	先生	CTICM
DZUIBA	先生	EIFFEL
GALEA	先生	CTICM
HOORPAH	先生	MIO NEUVITEC95
IZABEL	先生	SNPPA
KEUSCH	先生	EIFFEL
LAMADON	先生	VERITAS
LARUE	先生	RBS
LEMAIRE	女士	CTICM
LEQUIEN	先生	CETEN APAVE
MACFARLANE	先生	INGEROP
MAITRE	先生	SOCOTEC
MALPERTU	先生	JOSEPH PARIS
MARTIN	先生	CTICM
RAOUL	先生	SETRA
SEITE	先生	Cabinet JAILLET-ROUBY
SOKOL	先生	SOKOL Consultants
VILLETTE	先生	BAUDIN CHATEAUNEUF

目　　次

前言

(1)本国家附件确定了 NF EN 1993-1-5:2007 在法国的适用条件。NF EN 1993-1-5:2007 引用了欧洲标准化委员会于 2006 年 1 月 13 日批准、2006 年 10 月 25 日实施的 EN 1993-1-5:2006 及其附录 A ~ E。

(2)本国家附件由金属结构设计分委员会(CNCMET)编制。

(3)本国家附件:

—为 EN 1993-1-5:2006 的下列条款提供国家定义参数(NDP)并允许各国自行选择参数信息:

—2.2(5);

—3.3(1);

—4.3(6);

—4.4(2);

—4.5.1(8);

—4.6(2);

—4.6(3);

—5.1(2);

—5.3;

—6.4(2);

—8(2);

—9.1(1);

—9.2.1(9);

—10(1);

—10(5);

—C.2(1);

—C.5(2);

—C.8(1);

—C.9(3);

—D. 2. 2(2)。

—确定适用于建(构)筑物的 EN 1993-1-5:2006 资料性附录 A ~ D 的使用条件。

—提供非矛盾性补充信息,便于 NF EN 1993-1-5:2007 的应用。

(4)引用条款为 NF EN 1993-1-5:2006 中的条款。

(5)本国家附件应配合 NF EN 1993-1-5:2007,并结合 NF EN 1990 ~ NF EN 1999,用于新建建(构)筑物的设计。在 Eurocodes 国家附件出版之前,如有必要,应针对具体项目对国家定义参数进行定义。

(6)如果 NF EN 1993-1-5:2007 适用于公共或私人工程合同,国家附件亦适用。

(7)本国家附件中所考虑的设计使用年限,请参照 NF EN 1990 及其国家附件中给出的定义。该使用年限不得在任何情况下与法律和条例所界定的关于责任和质保的期限相混淆。

(8)为明确起见,本国家附件给出了国家定义参数的范围。本国家附件的其余部分是对欧洲标准在法国的应用进行的非矛盾性补充。

国家附件
（规范性）

AN 1　欧洲标准条款在法国的应用

注：条款编号与 EN 1993-1-5:2006 的编号一致。

条款 2.2(5)

采用推荐值。

每个组件至少有一面采用钢材，不管截面大小，例如铁塔构件、梁腹板或箱梁底板。

条款 3.3(1)

采用推荐方法(注 3)。

条款 4.3(6)

采用推荐值。

条款 4.4(2)

式(4.1) ~ 式(4.3)仅在相对长细比$\overline{\lambda}_p$是通过假设板的支承为自由边或简支边计算得到时才适用。

条款 4.5.1(8)

超出 3.1(1) 中规定的限值时，应考虑剪力滞。

条款 4.6(2)

按 EN 1993-1-1 的 5.2 进行整体分析。

条款 4.6 (3)

对于纵向加劲板,分别对作用力位于距离板端 0.4a 或 0.5b 时进行评估,取最不利结果,其中,a 和 b 为板的尺寸。

条款 5.1(2)

采用推荐值。或者,不管采用何种品质的钢材,按照 EN 1993-1-1 的 6.2.6 (3)中的注释,η 可取 1.0。

条款 5.3

表 5.1 仅在相对长细比 $\overline{\lambda}_w$ 是通过假设板的支承为简支边计算得到时才适用。

条款 6.4 (2)

采用推荐方法。

式(6.3)只有在 k_F 是根据 EN 1993-1-5 中 6.4 (2)计算得到时才有效。

条款 8(2)

在细长构件没有侧向约束时,构件的横向位移会导致承载力下降,见 EN 1993-1-3 的 5.4。

条款 9.1(1)

本国家附件中未给出补充要求。

条款 9.2.1(9)

采用推荐值。

条款 10(1)

本国家附件中未给出具体限制。

条款 10(5)

本国家附件中未给出补充信息。

条款 C.2(1)

本国家附件中未对有限单元法计算的具体使用条件进行规定。

条款 C.5(2)

采用推荐值。

条款 C.8(1)

采用推荐值。

条款 C.9(3)

本国家附件中未给出补充信息。

条款 D.2.2(2)

本国家附件中未给出补充信息。采用推荐公式。

AN 2　资料性附录在法国的应用

AN 2.1　附录 A

附录 A 起资料性作用。

AN 2.2 附录 B

附录 B 起资料性作用。

AN 2.3 附录 C

附录 C 起资料性作用。

AN 2.4 附录 D

附录 D 起资料性作用。明确规定腹板-翼缘之间的焊缝应是连续的。

在应用此附录时,需采用 $\gamma_{M1}=1.15$ 进行抗剪承载力的计算[式(D.4)]。

另外,对于建筑而言:

—在式(D.4)中,可以采用以下数值进行抗剪承载力的计算:

—通过下面的关系式得到 χ_c 值:

$$\chi_c=\frac{1}{1+0.75\cdot\overline{\lambda}_{c,l}}\qquad 当\overline{\lambda}_{c,g}\leqslant 0.6 时$$

$$\chi_c=\frac{1}{1+0.75\cdot\sqrt{\overline{\lambda}_{c,l}^2+(\overline{\lambda}_{c,g}-0.6)^4}}\qquad 当\overline{\lambda}_{c,g}>0.6 时$$

其中,根据式(D.6)和式(D.9)确定的 $\overline{\lambda}_{c,l}$ 和 $\overline{\lambda}_{c,g}$ 应满足以下限制:

$$\overline{\lambda}_{c,l}<2 和 \overline{\lambda}_{c,g}<2$$

—$\gamma_{M1}=1.05$(而不是 $\gamma_{M1}=1.15$)。

—波纹腹板的厚度应在 2~6mm 之间。